架空输电线路带电作业图解

项目四

冯振波　郑孝干◎编著

110kV 输电线路耐张绝缘子带电单串改双串（滑车组法）

中国电力出版社
CHINA ELECTRIC POWER PRESS

内容提要

本书总结了国网福州供电公司在输电带电作业中积累的经验，以带电“特种兵”的基本功训练和现场实战技法为主线，基于福州地区富有特色的五种典型输电线路带电作业项目，以图片、文字和视频结合的方式介绍了输电线路带电作业的项目管控、项目实施和作业技巧。主要内容有带电更换220kV输电线路直线绝缘子串（地面提升法）、220kV输电线路直线绝缘子带电单串改双串（地面提升法）、带电更换220kV输电线路直线绝缘子串金具（自平衡法）、110kV输电线路耐张绝缘子带电单串改双串（滑车组法）、带电处理110kV输电线路导线节点发热（地电位法）。

本书主要面向架空输电线路带电作业相关技术人员，读者可根据情况参考应用。

图书在版编目（CIP）数据

架空输电线路带电作业图解 / 冯振波，郑孝干编著．—北京：中国电力出版社，2020.12

ISBN 978-7-5198-5021-0

Ⅰ．①架…　Ⅱ．①冯…　②郑…　Ⅲ．①架空线路—输电线路—带电作业—图解　Ⅳ．① TM726.3-64

中国版本图书馆 CIP 数据核字（2020）第 186287 号

出版发行：中国电力出版社
地　　址：北京市东城区北京站西街 19 号（邮政编码 100005）
网　　址：http://www.cepp.sgcc.com.cn
责任编辑：杨　卓（010-63412789）
责任校对：黄　蓓　李　楠
装帧设计：北京宝蕾元科技发展有限责任公司
责任印制：吴　迪

印　　刷：三河市万龙印装有限公司
版　　次：2020 年 12 月第一版
印　　次：2020 年 12 月北京第一次印刷
开　　本：880 毫米 ×1230 毫米　32 开本
印　　张：2.625
字　　数：53 千字
印　　数：0001-1500 册
定　　价：108.00 元（全六册）

前言

随着电网的建设和发展，带电作业已成为输电设备测试、检修、改造的重要手段，在电力系统的安全可靠运行和效益提升方面发挥了十分重要的作用。我国的带电作业起步于 20 世纪 50 年代初，经过几代带电作业人的不懈努力，在带电作业理论研究、工器具研究开发、标准制定和安全管理等方面得到了良好发展。

国网福州供电公司自 1959 年成立输电带电作业班组以来，在摸索中创新、在实践中突破，已经走过起步发源、摸索试验、规范提升、积累沉淀和创新发展的不同历史阶段，在作业内容的多样化、作业工器具的轻巧化、作业项目的操作难度和广泛程度等方面取得了长足进步。

班组以劳模精神为引领，大力倡导工匠精神，不断加强人才队伍建设，培育输出了多名福建省五一劳动奖章获得者、福建省电力有限公司劳模及工匠和各类专家人才。并且在长期的工作中，班组形成了特色鲜明的创新文化，以“四大创新信条”和“三大创新支撑”指引创新工作，成效显著。班组依托承建的国家级技能大师工作室、国家电网有限公司劳模创新工作室和国网福建省电力有限公司输电带电作业工作室，目前已开展四十多项科技创新项目，获得国家知识产权局授权专利 90 项，在专业期刊杂志上发表论文 9 篇。还获得了“国际发明展金奖”及其他科技奖项 12

项，“福建省百万职工‘五小’创新大赛一等奖”及其他省部级奖励 5 项，“福建省电力有限公司科技进步奖”及其他地市级或行业奖励 20 余项。大批高技能人才的培养和创新成果的应用为福州输电带电作业跨越式发展奠定了坚实的基础。早在 1989 年班组就组织开展 220kV 输电线路带电更换铁塔，2000 年就首次开展了输电线路导线带负荷切断重接、耐张线夹带负荷更换等大型复杂的带电作业项目。

本书总结了国网福州供电公司在输电带电作业中积累的经验，以带电作业“特种兵”的基本功训练和现场实战技法为主线，基于福州地区富有特色的五种典型输电线路带电作业项目，以图片、文字和视频结合的方式介绍了输电线路带电作业的项目管控、项目实施和作业技巧，读者可根据情况参考应用。

本书编写过程中，得到了各方面的大力支持。国网福建省电力有限公司林力辉、蔡金林、吴晓杰、张世炼、王启强、廖成师、董剑峰、曾小平、吴能锦、陈兴宝、陈国信、陈言团、吴健仁、陈永红、曾旺、林财德、蔡江河、康启程、曹祖鹰、廖肇葵、许金应、张锦锋、杨毅豪、杨毅航、陈炜等在编写过程中多次参与审稿与技术研讨；林信恩、陈文彬、卓晗、刘行洲、张良发、林华育、郑永健、赵新丰等参与素材的拍摄，为本书的出版提供了很大的帮助。在此，谨向上述有关同志表示感谢。

由于作者水平所限，加之时间仓促，书中定有错误和不妥之处，敬请广大读者批评指正。

作者

2020 年 8 月

目录 Contents

项目四

110kV 输电线路耐张绝缘子带电单串改双串（滑车组法）

主要内容

- 导语
- 业务基础知识
- 作业前期准备
- 现场作业风险点分析与控制
- 现场作业程序
- 总结与提升

1. 在什么情况下需要进行 110kV 输电线路耐张绝缘子单串改双串带电作业?
2. 你已知有哪些作业方法可以进行 110kV 输电线路耐张绝缘子带电单串改双串作业项目?
3. 110kV 输电线路耐张绝缘子单串改双串带电作业最关键的技术难点有哪些?
4. 在此类带电作业项目中你觉得以下工具哪些可能会被用到？

1-1 滑车组

直线取销器

链条葫芦

高强度铝合金卡线器

丝杆

绝缘起吊绳

5. 110kV 输电线路耐张绝缘子单串改双串带电作业包括哪几个关键步骤?
6. 110kV 输电线路耐张绝缘子单串改双串带电作业过程中可能遇到的作业风险有哪些?

第一节 导语

1、耐张绝缘子带电单串改双串的意义

110kV 输电线路耐张绝缘子带电单串改双串，目的是提升架空输电线路跨越铁路、公路和重要输电通道时安全可靠性，保障电网安全运行。

2、耐张绝缘子带电单串改双串常见类型

110kV 输电线路耐张绝缘子单串改双串带电作业，一般采用等电位作业法。根据绝缘子材质不同，可分为硅橡胶复合绝缘子带电单串改双串和瓷质绝缘子带电单串改双串（见图 4-1）。

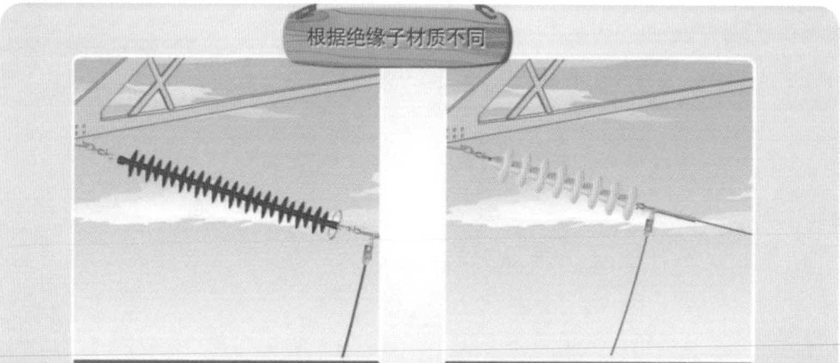

图 4-1 常见作业类型

本项目主要介绍硅橡胶复合绝缘子带电单串改双串，瓷质绝缘子带电单串改双串参照进行。

学习目标

- 熟悉 110kV 输电线路耐张绝缘子带电单串改双串的作业流程、危险点分析与控制措施。
- 掌握 110kV 输电线路耐张绝缘子带电单串改双串的作业方法。

第二节 业务基础知识

一、110kV 耐张绝缘子串结构

110kV 耐张绝缘子一般有单联、双联水平排列的结构形式（见图 4-2）。

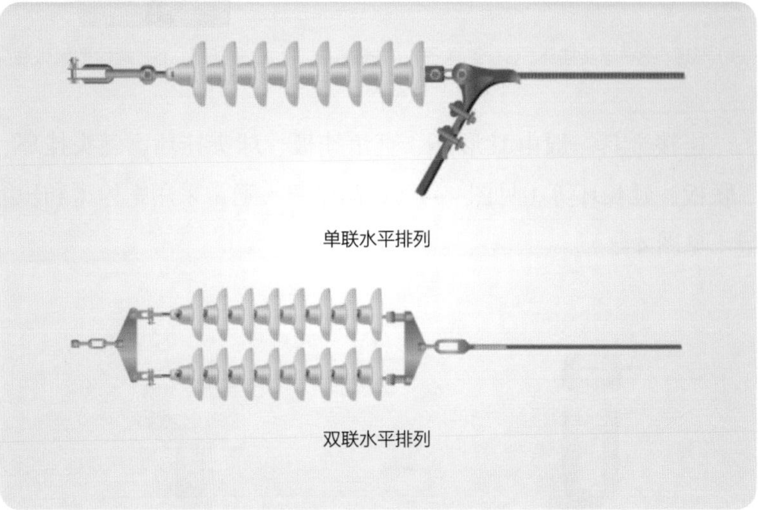

图 4-2 耐张绝缘子结构形式示意图

单联结构一般由绝缘子串前后的连接金具和绝缘子组装而成（见图 4–3）。

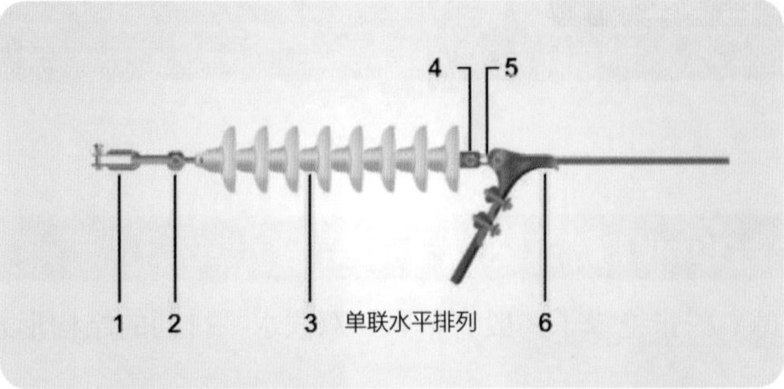

图 4-3　110kV 单联耐张绝缘子串结构图

1—U 形环；2—球头挂环；3—绝缘子；4—碗头挂环；5 延长环；6—螺栓型耐张线夹

连接金具一般由 U 形环、直角挂板、球头挂环、碗头挂环、二联板、延长环等（见图 4–4），耐张线夹通常采用螺栓型和压缩型（见图 4–5）。

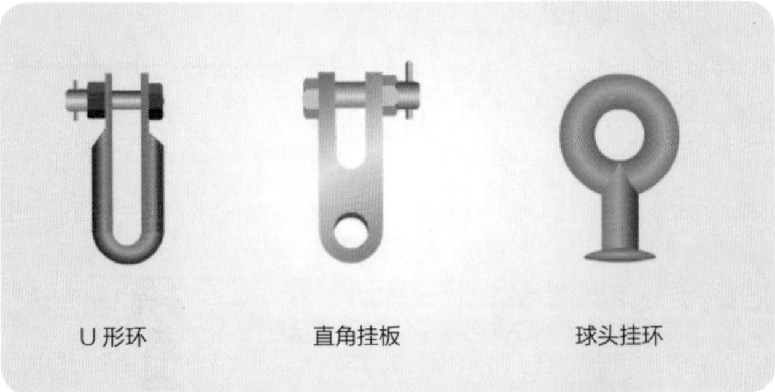

图 4-4　连接金具示意图（一）

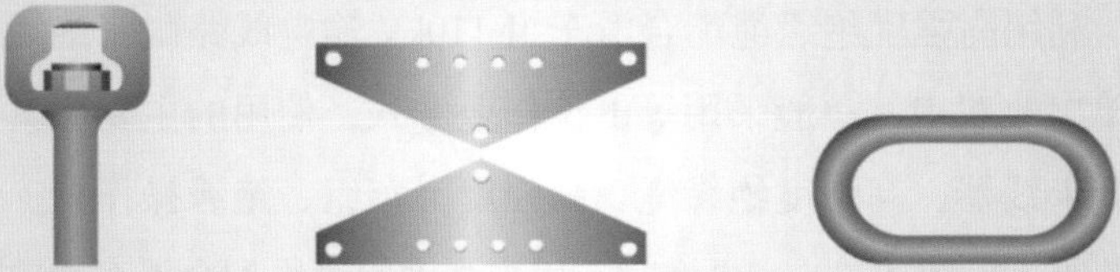

图 4-4　连接金具示意图（二）

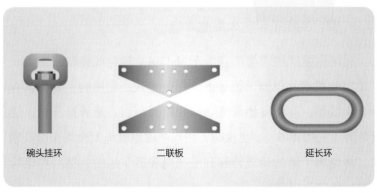

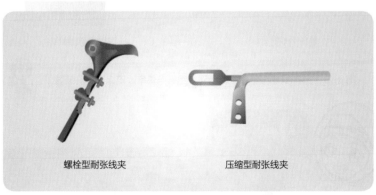

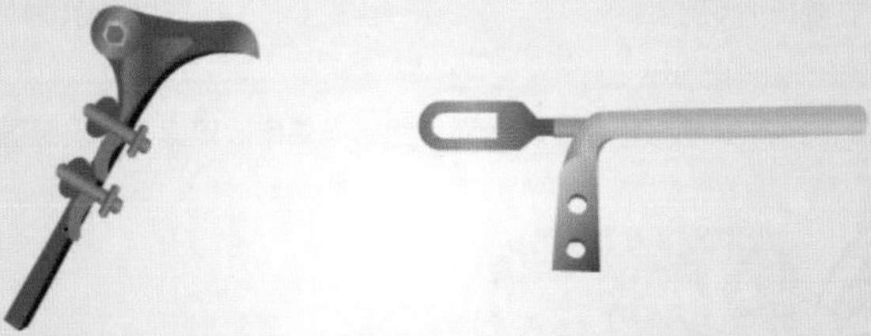

图 4-5　耐张线夹类型示意图

二、常用作业方法

1. 复合绝缘子带电单串改双串

利用高强度绝缘绳配合滑车组 110kV 输电线路耐张绝缘子带电单串改双串，一般采用等电位作业方式，使用的主要工具有铝合金卡线器、高强度绝缘绳、高强度滑车组、绝缘操作杆、链条葫芦等（见图 4–6）。更换时，用高强度绝缘绳配合滑车组收紧导线，将绝缘子串的荷载转移到绝缘绳和滑车组上，然后对绝缘子串进行单串改双串。

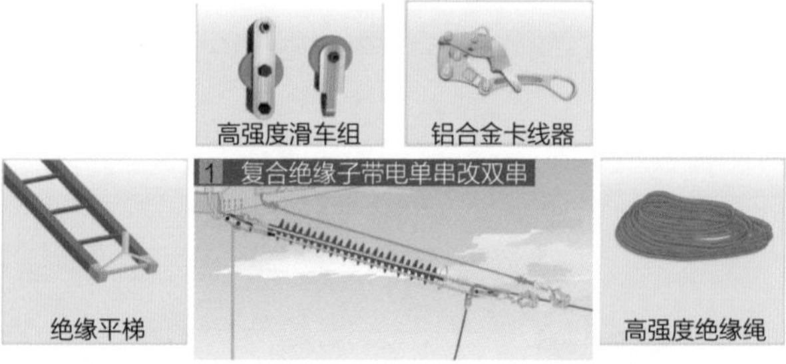

图 4-6　110kV 耐张绝缘子绝缘滑车组带电单串改双串工具安装图

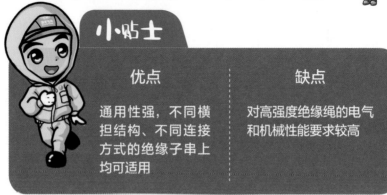

小贴士

优点	缺点
通用性强，不同横担结构、不同连接方式的绝缘子串上均可适用	对高强度绝缘绳的电气和机械性能要求较高

2. 瓷质绝缘子带电单串改双串

瓷质绝缘子带电单串改双串与硅橡胶复合绝缘子带电单串改双串，工序类似。不同之处在于，拆解单联瓷质绝缘子时，需要将其与托瓶架固定在一起，并传递至地面（见图 4–7）。传递、安装双联绝缘子时，也需要提前将绝缘子与托瓶架固定在一起，并在恢复金具连接后，将托瓶架传递至地面。瓷质绝缘子带电单串改双串如图 4–8 所示。

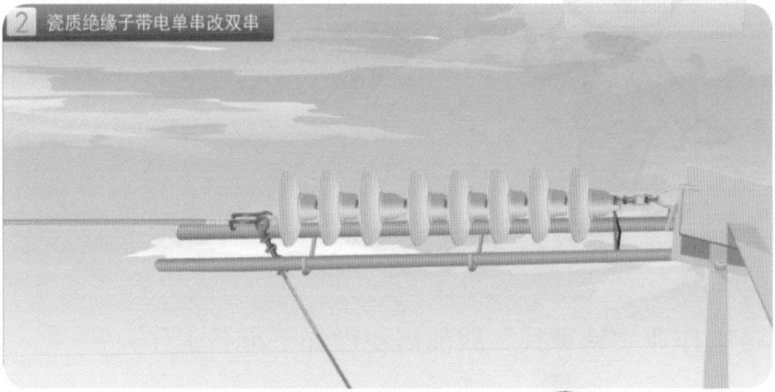

图 4-7　托瓶架固定绝缘子串

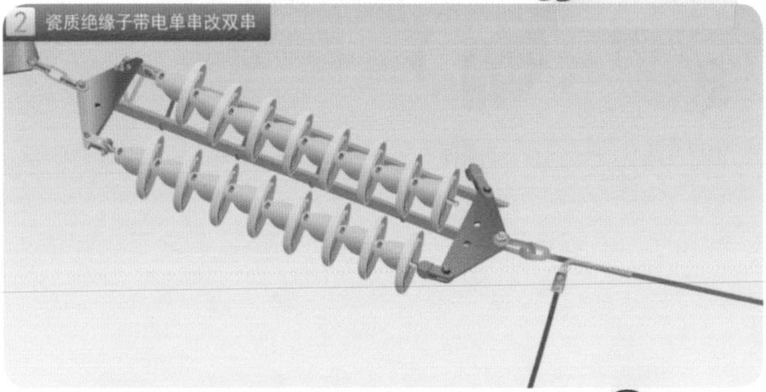

图 4-8　瓷质绝缘子带电单串改双串示意图

第三节 作业前期准备

战前充分准备是带电作业“特种兵”战斗获胜的关键！

带电作业“特种兵”战前需要做如下准备工作：

01

流程准备

02

人员准备

03

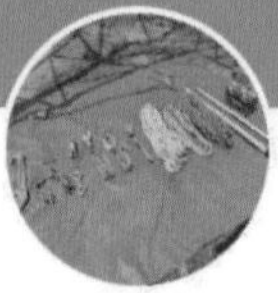

工器具准备

04

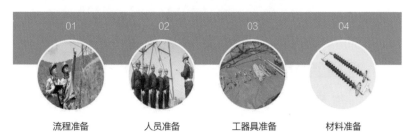

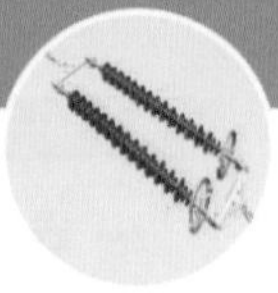

材料准备

一、流程准备

前面项目已经详细讲述了流程准备的5个关键环节，这里不做过多讲述，但是作业前请按照下面的检查表进行回顾，确认所有流程都已经完成（见图4–9）。

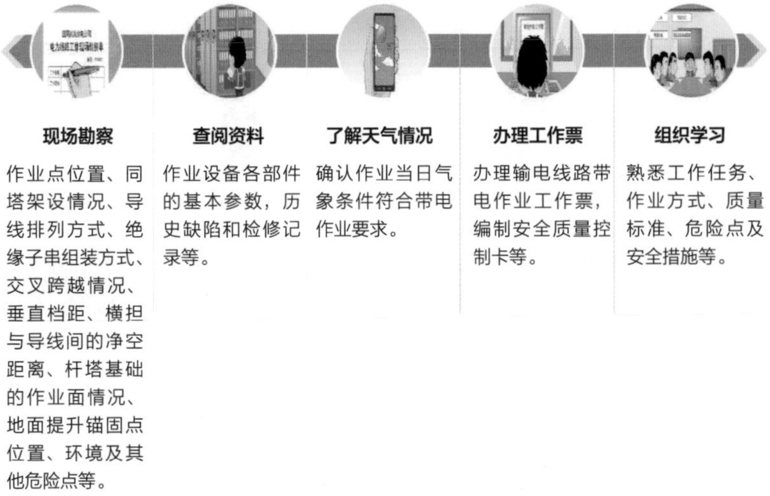
现场勘察
作业点位置、同塔架设情况、导线排列方式、绝缘子串组装方式、交叉跨越情况、垂直档距、横担与导线间的净空距离、杆塔基础的作业面情况、地面提升锚固点位置、环境及其他危险点等。
查阅资料
作业设备各部件的基本参数，历史缺陷和检修记录等。
了解天气情况
确认作业当日气象条件符合带电作业要求。
办理工作票
办理输电线路带电作业工作票，编制安全质量控制卡等。
组织学习
熟悉工作任务、作业方式、质量标准、危险点及安全措施等。

图4-9　流程准备内容

二、人员准备

工作负责人（监护人）1名、杆（塔）上电工2名（其中等电位电工1名）、地面电工3名。现场人员分工如图4–10所示。

工作负责人（监护人）1名

- 负责整个施工过程、工艺要求、质量标准和施工安全管理。

杆（塔）上电工2名
（其中等电位电工1名）

- 负责安装、拆除绝缘滑车组等提升工器具；
- 负责拆除、安装绝缘子串。

地面电工3名

- 负责传递工器具和材料；
- 配合塔上作业人员拆、装绝缘子串。

图4-10　现场人员分工

三、工器具准备

挑选战斗装备准备出战吧！

进行 110kV 输电线路耐张绝缘子单串改双串带电作业过程中会使用到绝缘工器具、金属工器具、个人防护装备和辅助工器具。

1. 绝缘工器具

作业过程中会使用到的绝缘工器具如图 4-11 所示。

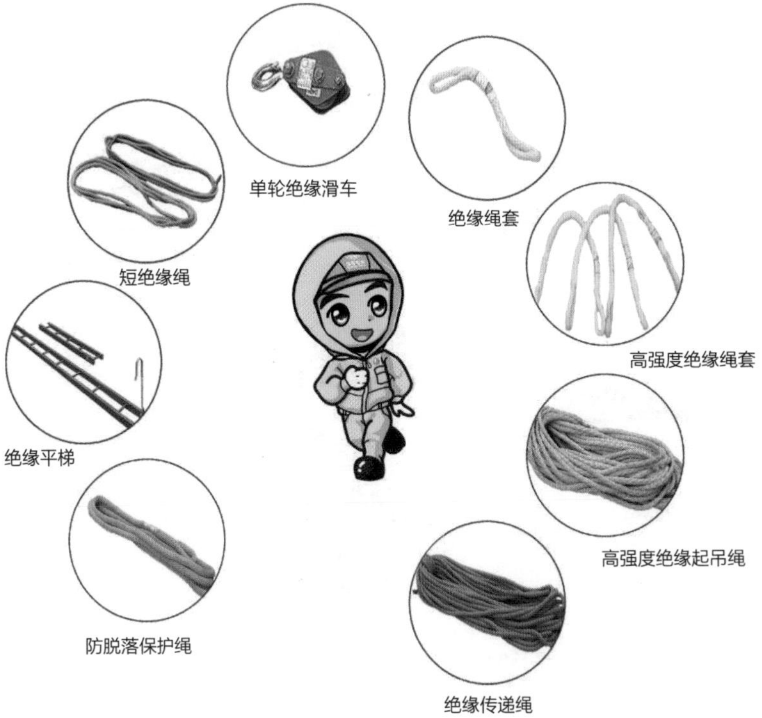
单轮绝缘滑车
绝缘绳套
短绝缘绳
高强度绝缘绳套
绝缘平梯
高强度绝缘起吊绳
防脱落保护绳
绝缘传递绳

图 4-11　绝缘工器具

2. 金属工器具

作业过程中会使用到的金属工器具如图 4–12 所示。

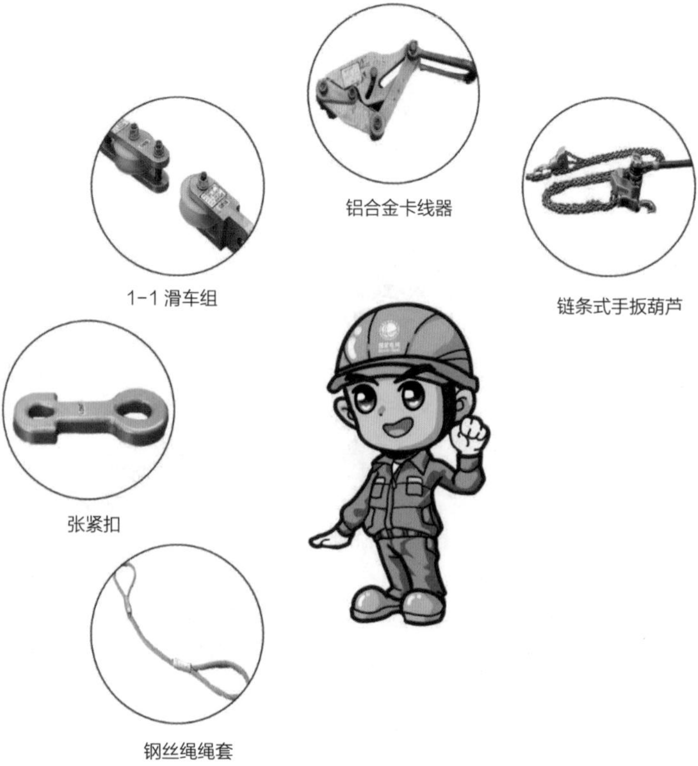

图 4–12　金属工器具

3. 辅助工器具

作业过程中会使用到的辅助工器具如图 4-13 所示。

图 4-13 辅助工器具

4. 个人防护装备

作业过程中会使用到的个人防护装备如图 4-14 所示。

图 4-14　个人防护装备

5. 工器具清单

作业过程中会使用到的工器具清单见表 4-1。

表 4-1 工器具清单

序号	名称	型号 / 规格	数量	单位	备 注
1	单轮绝缘滑车	5kN	2	只	
2	绝缘绳套	ϕ14mm	1	条	
3	绝缘平梯	3m	1	架	
4	绝缘传递绳	ϕ14	1	条	
5	绝缘传递绳	ϕ12	1	条	等电位电工传递绳
6	短绝缘绳	ϕ12	2	条	固定绝缘平梯
7	导线防脱落保护绳	ϕ20	1	条	
8	铝合金卡线器		2	个	
9	1-1 滑车组	50kN	1	组	
10	绝缘绳套	ϕ22mm	1	条	高强度
11	高强度绝缘绳	ϕ14mm	1	条	导线牵引绳
12	张紧扣		1	副	
13	钢丝绳绳套	ϕ24mm	1	条	
14	链条式手扳葫芦	50kN	1	台	
15	绝缘测试仪	ST2008	1	台	
16	万用表		1	台	
17	安全帽		6	顶	
18	屏蔽服	I 型	1	套	
19	绝缘安全带		2	条	配后备保护绳
20	个人工具		4	套	
21	风湿速仪		1	台	
22	望远镜		1	台	
23	防潮苫布	3m×3m	2	块	

四、材料准备

作业时需准备的材料清单见表 4–2，组装完成的双绝缘子串如图 4–15 所示。

表 4–2　　材料清单

序号	名称	型号	数量	单位	备注
1	U 形挂环	U–10	4	个	
2	L 形联板	L–1040	2	副	
3	复合绝缘子	110kV	2	串	根据原绝缘子长度及功能选择型号
4	双联碗头挂板	WS–7	2	个	
5	球头挂环	QP–7	2	个	
6	直角挂板	Z–7	2	个	
7	PT 调整板	PT–10	1	副	
8	弹簧销		2	个	

注　以上部分材料可根据现场实际情况利旧。

图 4–15　组装完成双绝缘子串

第四节 现场作业风险点分析与控制

开展 110kV 输电线路耐张绝缘子单串改双串带电作业，过程中可能会遇到哪些风险？
工具失效、机械伤害、高处坠落、高电压风险和恶劣天气等几种主要风险都可能会出现。

五种常见作业风险点如图 4–16 所示，必须深入分析危险触发条件并采取有效预控措施，确保安全施工。

图 4-16　五种常见作业风险点

1. 危险类型一：工器具失效

作业过程中有可能会出现工器具失灵或工器具连接失效，请特别注意防范。

防范措施：

（1）作为吊线工具的铝合金单绝缘轮滑车、铝合金卡线器、高强度绝缘绳索及绝缘绳均应经过定期机械试验合格（见图 4–17）。

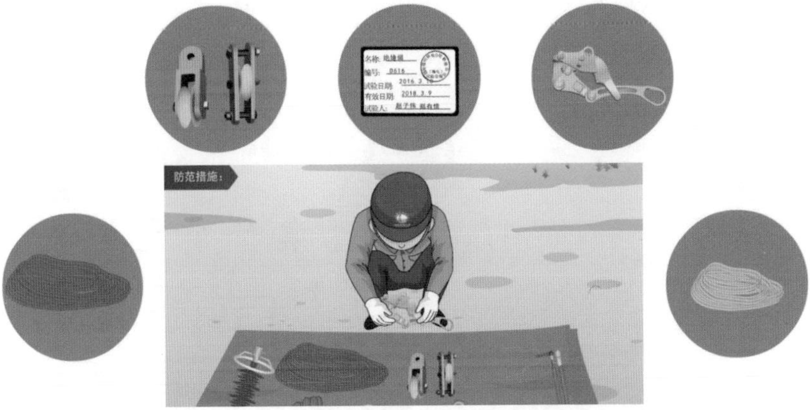

图 4-17　吊线工具外观检查

（2）为了保障作业的安全性，应使用防止导线脱落的后备保护绳（见图 4-18）。

图 4-18　使用导线防脱落后备保护绳

（3）承力工具均应经过定期机械试验合格，使用前应进行外观检查（见图 4–19）。

图 4–19 承力工具外观检查

（4）紧线工具的铝合金单绝缘轮滑车、铝合金链条式手扳葫芦使用前，应进行外观检查，保证其各部位转动灵活（见图 4–20 和图 4–21）。卡线器各部分转动灵活，钳头未出现磨平等现象。

图 4–20 检查链条葫芦

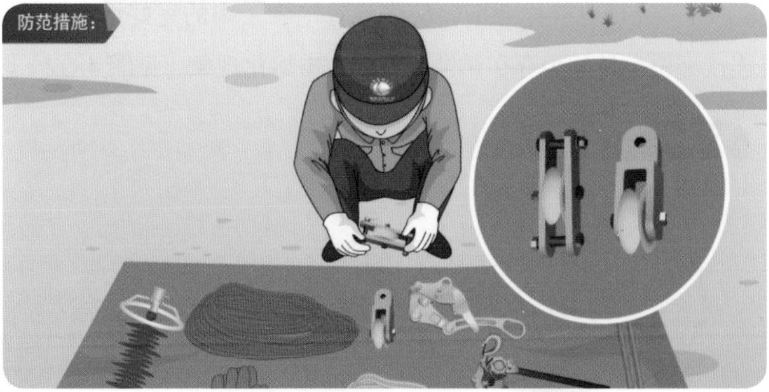

图 4-21 检查 1-1 滑车组

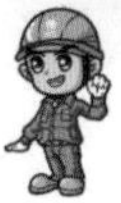

2. 危险类型二：机械伤害

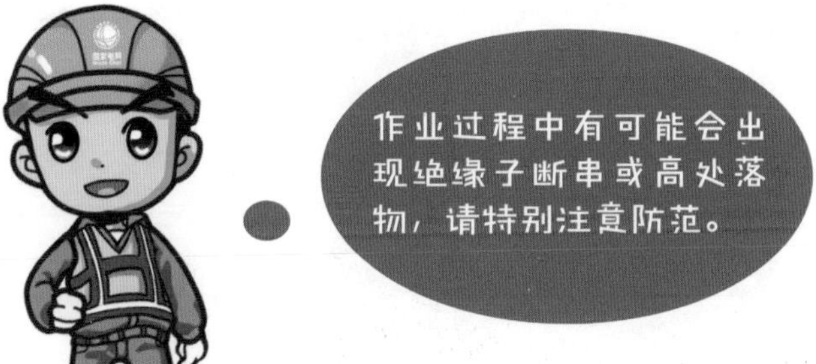

作业过程中有可能会出现绝缘子断串或高处落物，请特别注意防范。

防范措施：

（1）进行更换作业前，应先检查绝缘子串的完好情况，特别是连接部位金具是否存在锈蚀严重或雷击熔化现象（见图 4–22）。

图 4-22 检查绝缘子串的完好情况

（2）对于新绝缘子，应检查两端部的压接及整体绝缘子伞裙情况，确认完好（见图 4–23）。

图 4-23 检查新绝缘子串外观

（3）工具材料应使用绝缘绳索传递，小件物品应装袋（见图4-24），作业点正下方禁止人员逗留。

图 4-24 小件物品应装袋

（4）传递绝缘子串前，应检查各连接部位金具是否完好（见图 4-25）；传递吊线工具时，应将各部位连接螺栓拧紧并检查连接情况（见图 4-26）。

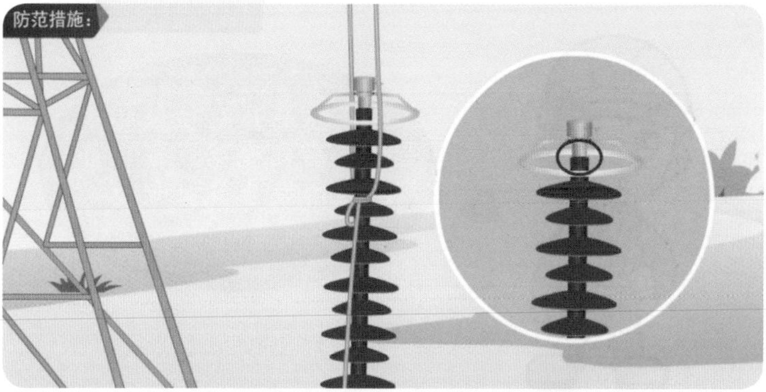

图 4-25 检查各连接部位金具

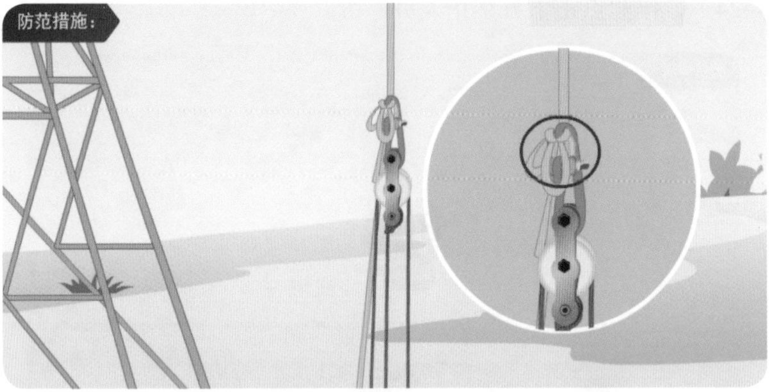

图 4-26 连接螺栓拧紧并检查连接情况

3. 危险类型三：高处坠落

作业登高及移位过程中发生高处坠落，或作业过程中发生高处坠落，请特别注意防范。

防范措施：

（1）攀登杆塔时，注意爬梯或脚钉是否牢固、可靠（见图4-27）。

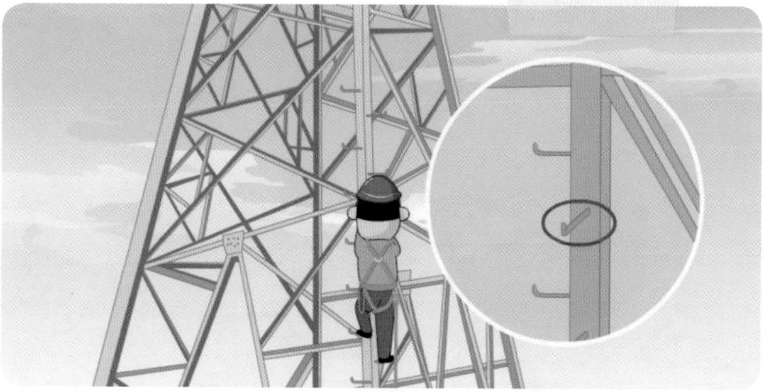

图 4-27 检查杆塔脚钉

（2）杆上转移作业位置时，不得失去安全带保护（见图4-28）。

图 4-28 移位时不得失去保护

（3）安全带应系在牢固的构件上，检查扣环是否扣牢（见图4–29），安全带、后备保护绳应分别系挂在不同的牢固构件上。

图 4-29 检查扣环是否扣牢

（4）绝缘平梯应安装牢固，平梯后端应与杆塔构件绑扎牢固（见图 4–30）。

图 4-30 绝缘平梯绑扎牢固

（5）等电位电工出梯前，应检查并冲击绝缘平梯悬挂牢固情况（见图 4–31）。

图 4–31　冲击检查绝缘平梯

（6）等电位电工沿平梯进入电场过程，应系好防坠落保护绳（见图 4–32）。

图 4–32　系挂防坠落保护绳

4. 危险类型四：高电压风险

作业过程中有可能会发生工具绝缘失效、空气间隙击穿或绝缘子串闪络，请特别注意防范。

防范措施：

（1）绝缘工具应定期试验合格；运输过程中，应妥善保管，避免受潮（见图 4–33）；使用时，操作人员应戴防汗手套。

图 4–33 妥善运输保管

（2）作业过程中，绝缘绳的有效长度应保持在 1.0m 及以上（见图 4–34）。

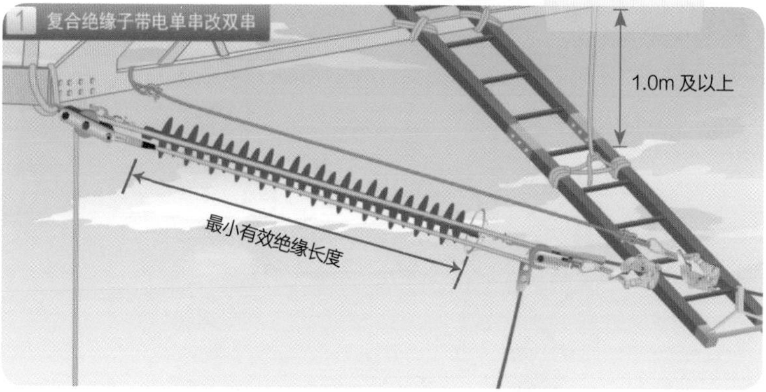

图 4–34　绝缘绳有效长度

（3）现场使用绝缘工具前，应用绝缘测试仪器检查其绝缘阻值不小于 700MΩ（见图 4–35）。

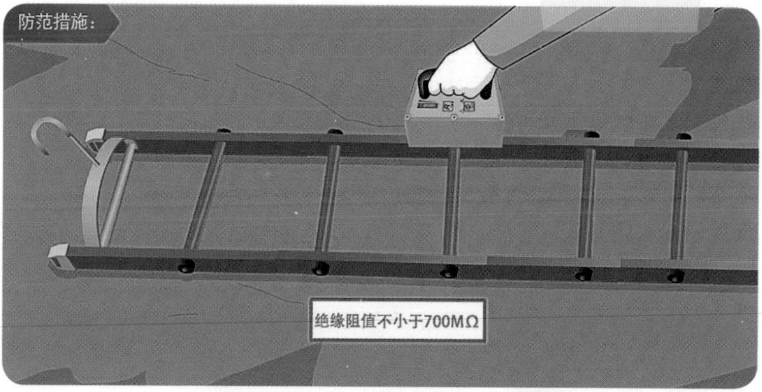

图 4–35　绝缘平梯电阻检测

（4）作业前，应确认空气间隙满足安全距离的要求（见图4-36）；对于无法确认的，应现场实测后确认后，方可进行作业。

图4-36 空气间隙满足安全距离要求

（5）必须保证专人监护，监护人在作业人员进入横担靠近带电体之前，应事先提醒（见图4-37）；等电位电工进入电场前，应先报告。

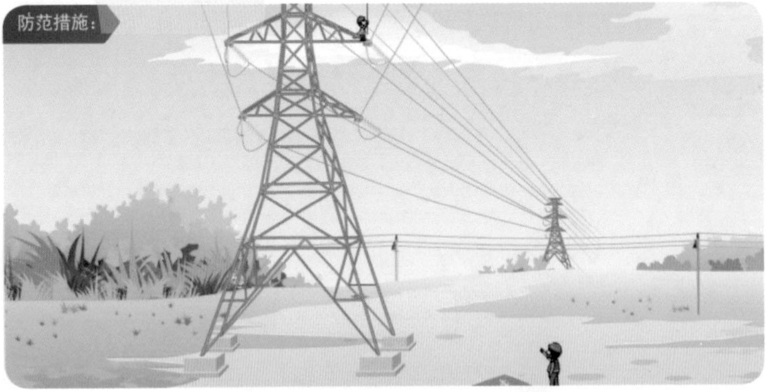

图4-37 专人全程监护

（6）地面作业人员收紧吊线滑车组传递绳时，应在工作负责人指挥下缓慢收紧承力绳索（见图 4–38），不得突然快速提升导线，以防造成安全距离不足或过牵引量超过限值（见图 4–39）。

图 4-38　在工作负责人指挥下收紧承力绳索

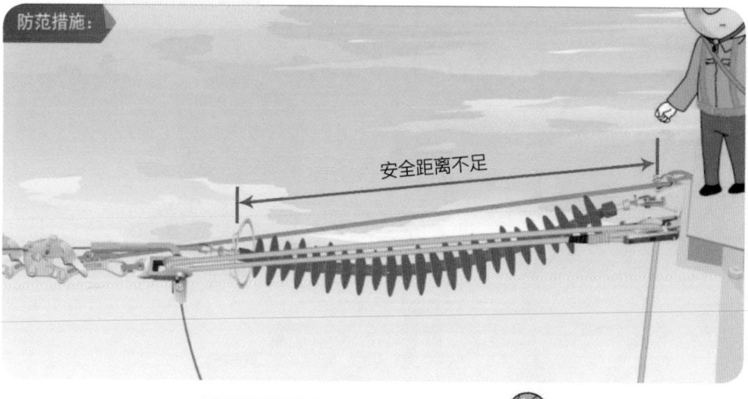

图 4-39　防止安全距离不足

（7）更换过程中，须在绝缘子串与导线脱离电位后，地电位人员方可用手操作绝缘子串（见图 4–40）；直接用手操作绝缘子时，应控制手臂下伸长度。

图 4-40 脱离电位后方可操作绝缘子串

（8）杆上作业人员宜穿导电鞋（见图 4–41）；等电位电工应穿着全套合格屏蔽服；作业前，应检查屏蔽服各部位连接导通情况。

图 4-41 杆上作业人员穿导电鞋

全副武装的特种兵才是最帅的！

5. 危险类型五：恶劣天气

作业过程中有可能会气象条件不满足要求或天气突变，请特别注意防范。

防范措施：

（1）带电作业应在良好的天气下进行，雷、雨、雪、雾天不得进行带电作业；风力大于 5 级、相对湿度大于 80% 时，一般不宜进行带电作业（见图 4–42）。

图 4–42　不宜进行带电作业的情况

（2）作业前，应事先了解天气情况，在作业现场工作负责人应时刻注意天气变化，特别是夏季的雷雨；作业过程中，发生天气突变时，应在保证人员安全的前提下，拆除工具尽快撤离（见图 4-43）。

图 4-43 时刻关注天气变化

第五节　现场作业程序

现场作业程序包括履行许可手续、现场开工准备、现场作业过程、工作终结手续、资料整理归档5个主要阶段，如图4–44所示。

履行许可手续
现场开工准备
现场作业过程
工作终结手续
资料整理归档
核对杆塔编号、位置
现场气象条件判定
召开班前会
设备及工器具现场检查
穿戴、检查防护装备
施工验收
工器具、材料整理
召开班后会
履行终结手续

图4–44　现场作业程序

让我们开始一次
现场作业旅程吧！

一、履行许可手续

工作负责人联系调度值班员，履行许可手续（见图 4–45）。

图 4-45 履行许可手续

带电作业“特种兵”一切行动听指挥！

二、现场开工准备

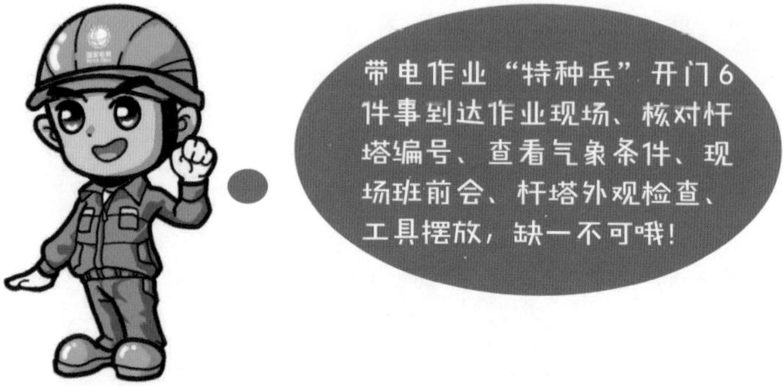
带电作业“特种兵”开门6件事到达作业现场、核对杆塔编号、查看气象条件、现场班前会、杆塔外观检查、工具摆放，缺一不可哦！

1. 到达作业现场

全体作业人员到达作业现场，摆放好工器具及材料。

2. 核对杆塔编号

工作负责人核对工作票中线路名称及杆塔号是否与工作票一致。

3. 查看气象条件

工作负责人查看现场气象条件。

4. 现场班前会

宣读工作票、交代工作内容、告知危险点及现场安全措施，进行人员分工和技术交底，并履行确认手续。

5. 杆塔外观检查

进行杆塔外观检查，确认塔身、基础、脚钉外观无异常。

6. 工具摆放

作业现场铺设防水苫布，然后将工具摆放整齐。

7. 绝缘子外观检查

检查复合绝缘子外观是否完好，压接部位是否脱胶、裂缝、滑移现象，镀锌层是否出现起皮、分层、开裂或掉锌等现象，硅橡胶是否有破损、起泡或粉化等现象（见图 4–46）。

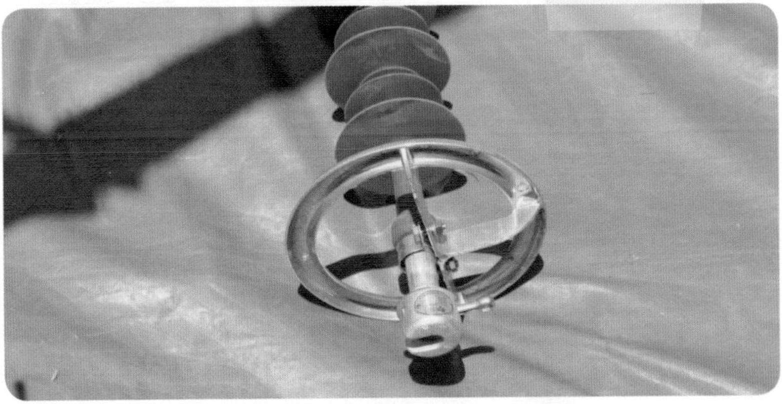

图 4-46　绝缘子串外观检查

8. 工器具检查、检测

检查防脱落保护绳、绝缘滑车等工器具外观是否完好，金属部分有无锈蚀（见图 4–47）；清洁绝缘平梯表面；并用绝缘测试仪对绝缘平梯、绝缘传递绳、绝缘起吊绳等绝缘工具进行绝缘检测（见图 4–48）。

图 4-47　工器具外观检查

图 4-48　绝缘平梯电阻检测

9. 调整链条葫芦

将链条葫芦的链条松出，松出长度大约为链条葫芦总行程的2/3（见图4–49）。

图4-49 调整链条葫芦链条长度

10. 组装高强度滑车组

地面电工相互配合，组装高强度滑车组，使之处于待用状态（见图4–50）。

图4-50 组装高强度滑车组

来自老兵的提醒

特种兵在作战场地选择上都尽量给自己留有一定的腾挪空间，所以上，下两滑车之间间距，应大于绝缘子串长度 300mm 左右

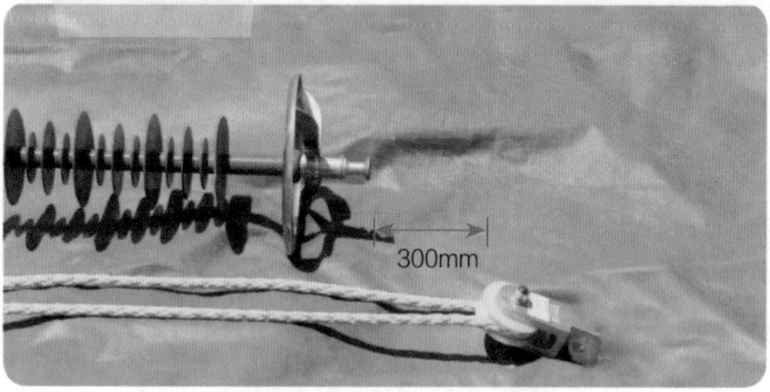

上、下滑车间距要求

11. 组装双绝缘子串

地面电工相互配合，将两串绝缘子串的金具联接，使之处于待用状态（见图 4–51）。

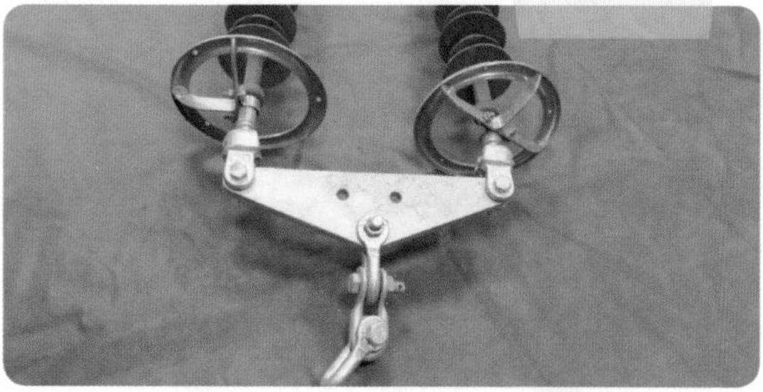

图 4-51　组装双绝缘子串

12. 屏蔽服检查、检测

等电位电工穿好屏蔽服，检查屏蔽服各部位间连接是否可靠，并检测全套屏蔽服间的导通情况（见图 4–52）。

图 4-52 检查屏蔽服各部位间连接

13. 安全带冲击检查

地电位电工、等电位电工分别对安全带及后备保护绳进行冲击试验（见图 4–53）。

图 4-53 安全带冲击检查

三、现场作业过程

开展 110kV 输电线路耐张绝缘子单串改双串带电作业，主要包括 8 个阶段：登塔到达工作位置、绝缘平梯传递固定、等电位电工进入电场、承力装置安装及导线牵引、单绝缘子串拆除传递、双绝缘子串传递安装、承力装置拆除退出电场、拆除绝缘平梯下塔。现场作业过程如图 4-54 所示。

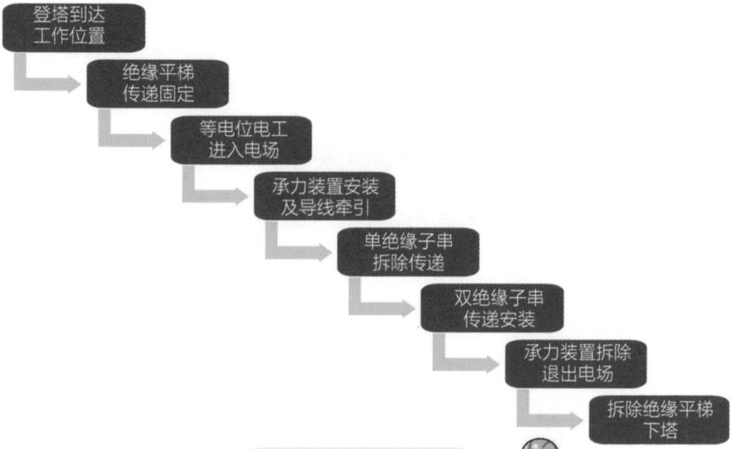
登塔到达
工作位置
绝缘平梯
传递固定
等电位电工
进入电场
承力装置安装
及导线牵引
单绝缘子串
拆除传递
双绝缘子串
传递安装
承力装置拆除
退出电场
拆除绝缘平梯
下塔

图 4-54　现场作业过程

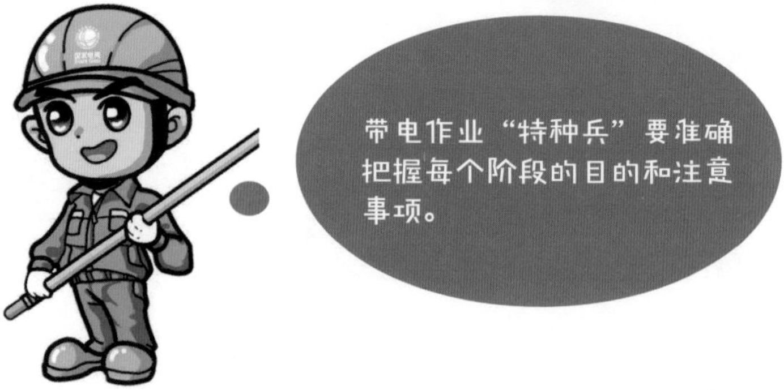
带电作业“特种兵”要准确把握每个阶段的目的和注意事项。

1. 登塔到达工作位置

（1）经工作负责人同意后，地电位电工携带传递绳，与等电位电工依次登塔（见图 4–55）。

图 4–55　塔上电工依次登塔

战斗已经开始，每一步都要小心谨慎哦！

（2）地电位电工登塔至作业相上方地线横担位置，绑好安全带及后备保护绳，挂好第一组滑车及传递绳，然后返回作业相横担，绑好安全带及后备保护绳（见图 4–56）。

图 4–56　挂好第一组滑车及传递绳

来自老兵的提醒

挂滑车时，应注意滑车挂点位置选择，既要方便工具的传递和取用，又要使工具的传递路线与操作相的引流线保持足够的安全距离。

（3）等电位电工登杆塔至作业相横担，绑好安全带及后备保护绳（见图 4–57）。

图 4-57 绑好安全带及后备保护绳

2. 绝缘平梯传递固定

（1）地面电工在绝缘平梯前部大约三分之一的位置（见图 4-58），绑好绝缘传递绳，将绝缘平梯传递至塔上（见图 4-59）。

图 4-58 绑好绝缘传递绳

图 4-59 绝缘平梯传递至塔上

（2）地电位电工、等电位电工相互配合，将绝缘平梯的前端挂在导线上，后端用绝缘短绳牢固固定在塔身适当位置（见图 4–60）。

图 4-60 后端用绝缘短绳牢固固定

来自老兵的提醒

平梯安装完毕后，平梯与导线间的空气间隙应满足等电位电工进入电场过程中的组合间隙要求。

（3）等电位电工对绝缘平梯进行冲击检查，确认安装牢靠后报告工作负责人（见图 4–61）。

图 4-61 绝缘平梯冲击检查

3. 等电位电工进入电场

（1）等电位电工经工作负责人许可后，将安全带转移至绝缘平梯上，缓慢、平稳沿绝缘平梯进入电场（见图 4–62）。

图 4-62 等电位电工进入电场

来自老兵的提醒

一切行动听指挥，特种兵一定要在得到指令后才能开始行动。

（2）到达绝缘平梯传递绳的绑点位置后，拆下传递绳。地面电工利用横担侧传递绳将导线侧传递绳，传递给等电位电工，等电位电工携带传递绳继续缓慢、平稳的向前移动（见图 4–63）。

图 4-63　携带导线侧传递绳平稳前移

（3）在接近放电距离位置（大约 0.3m）时，向工作负责人申请电位转移（见图 4–64）。

图 4-64 申请电位转移

（4）经工作负责人许可后（见图 4-65），手迅速抓住带电体，完成电位转移（见图 4-66）。

图 4-65 工作负责人许可

图 4-66 迅速抓住带电体

来自老兵的提醒

电位转移时，动作应迅速，避免反复充放电。

4. 承力装置安装及导线牵引

（1）等电位电工继续缓慢、平稳的向前移动至工作位置（见图 4-67），将安全带转移至导线上，然后将导线侧滑车挂在导线上（见图 4-68）。

图 4-67 移动至工作位置

图 4-68 将导线侧滑车挂在导线上

（2）地面电工将组装好走 1–1 滑车组两端，分别绑在横担侧传递绳及导线侧传递绳上，通过两组传递绳，将滑车组两端分别传递给地电位电工和等电位电工（见图 4–69）。

图 4-69　传递 1-1 滑车组到塔上

（3）等电位电工安装好铝合金卡线器，地电位电工将滑车组另一端安装在横担侧待换绝缘子串悬挂点附近（见图 4-70）。

图 4-70　安装铝合金卡线器

（4）地面电工将链条葫芦安装在钢管塔塔腿上（见图 4–71），稍稍拉紧高强度绝缘起吊绳，然后将张紧扣安装在高强度绝缘起吊绳的适当位置（见图 4–72）。

图 4-71　链条葫芦安装

图 4-72　张紧扣安装

来自老兵的提醒

安装位置可根据需要，进行自由调节。

（5）张紧扣安装完毕后，将链条葫芦的挂钩，钩在张紧扣上，并确认挂钩封口已自动封闭（见图 4–73 和图 4–74）。

图 4–73　链条葫芦的挂钩钩在张紧扣上

图 4–74　确认挂钩封口已自动封闭

（6）稍稍收紧链条葫芦，保证滑车组处于稍稍受力状态（见图 4-75）。

图 4-75 收紧链条葫芦

来自老兵的提醒

带电作业“特种兵”要时刻注意可能影响战斗状态的微小问题，安装吊线工具时，应将绝缘绳理顺，避免因绳索扭绞、缠绕增加起吊时的摩擦力。

（7）地面电工将组装好的导线防脱落后备保护绳的两端分别传递给地电位电工和等电位电工。等电位电工将导线端铝合金卡线器安装在导线适当位置（见图 4-76），地电位电工适度收紧防脱落后备保护绳，并将其牢靠的固定在绝缘平梯附近（见图 4-77），避免防脱落后备保护绳阻挡工具的传递。

图 4-76 导线端铝合金卡线器安装

图 4-77 固定在绝缘平梯附近

（8）所有承力工具全部安装完毕后，应检查各连接部分，确认连接牢靠（见图 4-78）。

图 4-78 检查各连接部分

5. 单绝缘子串拆除传递

（1）等电位电工将导线侧传递绳绑在导线侧绝缘子串端部（见图 4-79）；地电位电工将横担侧传递绳绑在横担侧绝缘子串端部（见图 4-80），将横担侧绝缘子串调节板与 U 形挂环的连接螺栓拆除（见图 4-81）。

图 4-79 绑在导线侧绝缘子串端部

图 4-80　绑在横担侧绝缘子串端部

图 4-81　拆除横担侧绝缘子连接螺栓

（2）等电位电工松出导线侧碗头挂板与 U 形挂环的连接螺帽，取下螺栓（见图 4-82）。

图 4-82 脱开侧碗头挂板与 U 形挂环的连接

（3）地电位电工、等电位电工及地面电工相互配合，将待更换绝缘子串传递至地面（见图 4-83）。

图 4-83 将待更换绝缘子串传递至地面

6. 双绝缘子串传递安装

（1）地面电工将组装好的双绝缘子串传递到塔上，地面电工和等电位电工相互配合将绝缘子调整至安装位置（见图 4-84）；等电位电工将导线侧的 U 形挂环与耐张线夹的钢锚连接（见图 4-85）。

图 4-84　双绝缘子串传递到塔上

图 4-85　恢复导线侧 U 形挂环与耐张线夹连接

（2）地电位电工调整好横担侧绝缘子的调节板后，恢复其与U形挂环的连接（见图4-86）。

图4-86 恢复横担侧U形挂环与绝缘子串连接

7. 拆除承力装置退出电场

（1）地面电工缓缓松出链条葫芦（见图4-87），地电位电工、等电位电工分别冲击检查绝缘子串各部位连接，确认牢固可靠（见图4-88）。

图4-87 松出链条葫芦

图 4-88　冲击检查绝缘子串各部位连接

（2）等电位电工将导线侧传递绳绑在导线后备保护绳的导线端，拆除导线端卡线器（见图 4–89）。

图 4-89　拆除导线端卡线器

（3）地电位电工拆除横担侧导线的后备保护绳，并用横担侧传递绳传递至地面（见图 4–90）。

图 4-90　拆除横担侧导线的后备保护绳

（4）按照同样的方法（见图 4–91），拆除走 1–1 滑车组，并传递至地面。

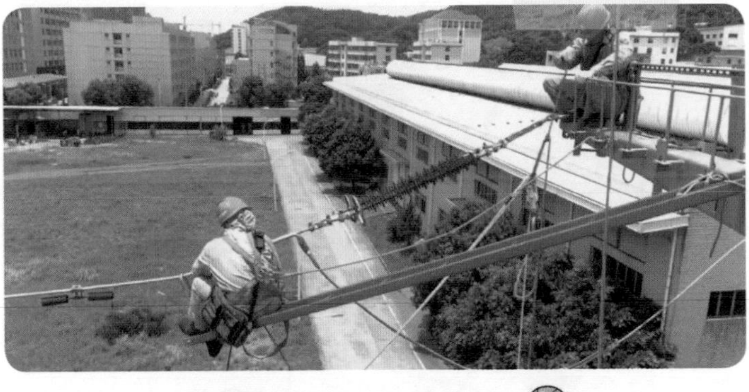

图 4-91　拆除走 1-1 滑车组

（5）等电位电工携带导线侧传递绳，将安全带转移回绝缘平梯上；手抓住带电体，将身体移动至放电距离以外（见图 4-92），向工作负责人申请电位脱离。

图 4-92　将身体移动至放电距离外

（6）经工作负责人许可后，手迅速放开带电体，完成电位脱离（见图 4-93）。

图 4-93　完成电位脱离

来自老兵的提醒

"特种兵"要求身手敏捷、动作干脆利落。电位脱离时，动作应迅速，避免反复请充放电。手掌最后脱离带电体后，应避免头部再次放电。

8. 拆除绝缘平梯下塔

（1）等电位电工退至绝缘平梯前部大约 1/3 的位置时，绑好绝缘传递绳（见图 4–94），继续沿绝缘平梯退出电场（见图 4–95），回到横担。

图 4–94　绑好绝缘传递绳

图 4-95　沿绝缘平梯退出电场

（2）地电位电工与地面电工相互配合，拆除绝缘平梯（见图 4-96）。

图 4-96　拆除绝缘平梯

（3）地电位电工、等电位电工检查塔上无遗留工器具后，携带绝缘滑车及绝缘传递绳依次下塔（见图 4-97）。

图 4-97 下塔

来自老兵的提醒

打扫战场也是特种兵的一项基本功。

四、工作终结手续

善始善终是“特种兵”的
优良品质！

作业结束后，带电作业人员应完成检查验收、整理工具、召开班后会、办理终结手续四项任务。工作终结手续流程如图 4–98 所示。

1. 检查验收

作业结束后，工作负责人依据施工验收规范对绝缘安装工艺，质量进行检查，并确认塔上无遗留物。

2. 整理工具

地面电工整理工具、材料并摆放整齐。

3. 召开班后会

工作负责人召集全体工作班成员，召开班后会。（点名、塔上人员汇报、工作负责人点评）。

4. 办理终结手续

工作负责人与值班调度员联系，办理工作终结手续。

图 4–98　工作终结手续流程

五、资料整理归档

完成工作票归档、录音上传等相关流程（见图 4–99）。

图 4–99　资料整理归档

恭喜你，优秀的“特种兵”又完成了一次挑战！

第六节 总结与提升

一、内容总结

本项目讲述了110kV输电线路耐张绝缘子带电单串改双串的作业流程、操作方法、质量要求，以及作业过程存在的危险点和预控措施。

二、知识点回顾

1. 作业方法（见图4-100）

图4-100 硅橡胶复合绝缘子串带电更换

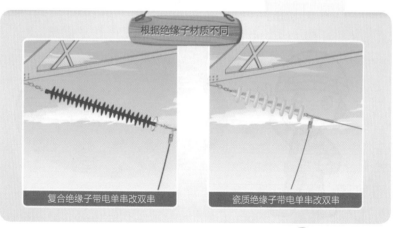

2. 作业流程准备（见图 4-101）

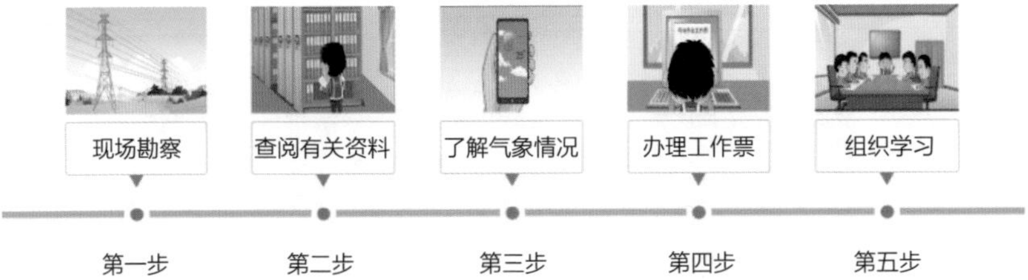
现场勘察
查阅有关资料
了解气象情况
办理工作票
组织学习
第一步
第二步
第三步
第四步
第五步

图 4-101 作业流程准备

3. 现场作业风险点分析与控制（见图 4-102）

01 工器具失效
02 机械伤害
03 高处坠落
04 高电压风险
05 恶劣天气

图 4-102 现场作业风险点分析与控制

4. 现场作业流程（见图 4-103）

履行许可手续
现场开工准备
现场作业过程
工作终结手续
资料整理归档

图 4-103 现场作业流程

三、拓展再应用

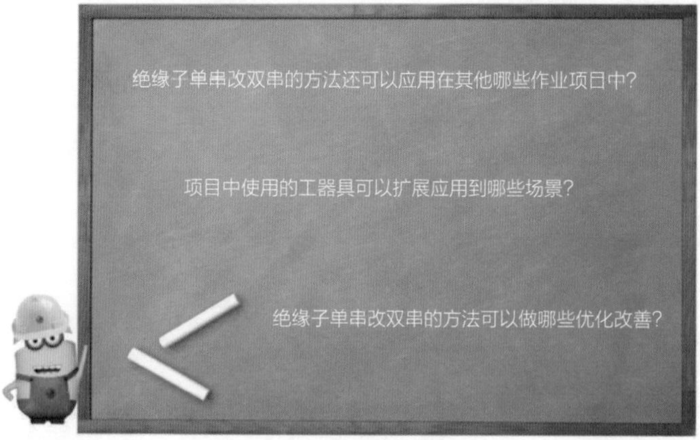
绝缘子单串改双串的方法还可以应用在其他哪些作业项目中?
项目中使用的工器具可以扩展应用到哪些场景?
绝缘子单串改双串的方法可以做哪些优化改善?

四、考一考

1. 本项目中采用的方法有哪些优点和缺点？

2. 本作业项目里面有哪些特殊的工器具？

3. 本作业项目的主要风险有哪些？如何进行预控？

4. 简单列出从开始登塔到回到地面具体操作步骤。

5. 采用同样的方法开展瓷质绝缘子单串改双串带电作业应如何进行？